Bibliografische Information der Deutschen Nationalbibliothek:

Die Deutsche Bibliothek verzeichnet diese Publikation in der Deutschen National-
bibliografie; detaillierte bibliografische Daten sind im Internet über http://dnb.d-
nb.de/ abrufbar.

Impressum:

Copyright © 2018 GRIN Verlag
Druck und Bindung: Books on Demand GmbH, Norderstedt Germany
ISBN: 9783668952423

Christian Ramspeck

Die Tragik der Allmende. Nachhaltiger Ernährungskonsum

GRIN Verlag

Hausarbeit Vertiefungsmodul „Politikfelder der Nachhaltigkeit"

4. Semester, Politikwissenschaft Bachelor of Science

Thema: Nachhaltiger Ernährungskonsum am Beispiel der Tragik der Allmende

Verfasser: Ramspeck, Christian

Abgabetermin: 02. September 2018

Gesamtzahl der Wörter: 4000 (Text und Bibliographie)

Inhaltsverzeichnis

1. Einleitung

Der Begriff der Nachhaltigkeit wird immer häufiger verwendet, sowohl in der Wissenschaft, in der Politik, als auch im Alltag. Nicht nur Konsumenten und Verbraucher beschäftigen sich mit einer nachhaltigen Entwicklung bzw. mit einem nachhaltigen Konsum, auch immer mehr Unternehmen versuchen dieses Konzept für sich zu proklamieren. In der Tat sehen sich Zivilgesellschaften mit der grundsätzlichen Problematik konfrontiert, mit begrenzten Ressourcen zu haushalten und dabei nicht mehr zu konsumieren, als erwirtschaftet werden kann. Gleichzeitig spielt die demographische Komponente mit: Laut sämtlichen Prognosen wird die Weltbevölkerung in den nächsten Jahren und Jahrzehnten steigen, wenn auch asymmetrisch. So scheint es, dass die Bevölkerungsanzahl beispielsweiße im Kontinent Europa zurückgehen, aber diese im asiatischen oder indischen Raum steigen wird. Im Bereich der nachhaltigen Entwicklung stellt der nachhaltige Konsum somit ein entscheidendes Element dar, um die Zukunftsfähigkeit des Lebens aller Menschen nicht zu gefährden.

Dadurch stellt sich erst recht die Frage: Was heißt Nachhaltigkeit? Und wie lässt sich dies in Bezug auf den Konsum verdeutlichen?

In dieser Arbeit wird ein nachhaltiger Ernährungskonsum am Beispiel der Tragik der Allmende analysiert. Dabei wird mich folgende vergleichend-deskriptive Forschungsfrage leiten: Wie lässt sich die Bedeutung eines nachhaltigen Ernährungskonsums am Beispiel der Tragik der Allmende beschreiben?

Im Folgenden werde ich dem Konzept der Nachhaltigkeit normativ zu Grunde gehen, indem ich den Begriff und dessen Bedeutung definiere und anschließend auf die Rolle der Sustainable Development Goals (SDGs) eingehe. Anschließend werden die Merkmale einer nachhaltigen Ernährung analysiert, um danach die Relevanz eines nachhaltigen Ernährungskonsums anhand der Theorie der Tragik der Allmende zu konkretisieren. Abschließend soll der Versuch gemacht werden, die Forschungsfrage in Form einer These zu beantworten.

2. Nachhaltigkeit im Ernährungskonsum am Beispiel der Tragik der Allmende

2.1 Nachhaltigkeit als normatives Konzept

Zunächst wird der Begriff der Nachhaltigkeit definiert, auf seinen historischen Ursprung und auf dessen Bedeutung und danach vertiefter auf die Rolle der 17 SDGs eingegangen.

2.1.1 Bedeutung und Definition von Nachhaltigkeit

Zunächst muss zwischen „nachhaltiger Entwicklung" und „Nachhaltigkeit" differenziert werden: Während nachhaltige Entwicklung einen Prozess gesellschaftlicher Veränderung beschreibt, bezeichnet der bloße Begriff der Nachhaltigkeit das Ende eines solchen Prozesses (Grunwald & Kopfmüller, 2006: 7). Nach Hauff (1987: 46) ist nachhaltige Entwicklung dann erreicht, wenn sie „die Bedürfnisse der Gegenwart befriedigt, ohne zu riskieren, dass künftige Generationen ihre eigenen Bedürfnisse nicht befriedigen können." In diesem Zitat scheinen bereits politische Konzepte wie Generationengerechtigkeit, Zukunftsfähigkeit und Verteilungsgerechtigkeit bereits integriert zu sein.

Die Geschichte der Nachhaltigkeit ist lang, komplex und vielfältig, darum wird hier versucht, die wichtigsten Etappen und Prozesse zu nennen.

Historisch gesehen, tauchte der Begriff „Nachhaltigkeit" erstmals zu Beginn des 18. Jahrhunderts in der Forstwirtschaft auf (Grunwald & Kopfmüller, 2006: 14). Durch landwirtschaftliche Aktivitäten und Zunahme industriellen Holzbedarfs, kam es zu einer Übernutzung der Wälder, die zu der Notwendigkeit einer nachhaltigen Forstwirtschaft führte: Es sollte pro Jahr nicht mehr Holz abgeschlagen werden als nachwächst; es sah also eine Kombination des ökonomischen Ziels mit der ökologischen Bedingung des Nachwachsens vor (ebd.). Dieses Prinzip, das also zuerst in der Forstwirtschaft Anklang fand, ist grundsätzlich transitiv, lässt sich also auf andere Bereiche übertragen: So fand der Nachhaltigkeitsbegriff zu Beginn des 20. Jahrhunderts auch Eingang in die Fischereiwirtschaft, bei der der Umfang des Fischfangs sich an der Reproduktionsfähigkeit der Fischbestände orientieren sollte (ebd.). Zwar besteht bis heute ein normativer Grundkonsens in der Notwendigkeit des ökonomischen Wachstums, doch kristallisierte sich Mitte des 20. Jahrhunderts dessen Grenzen heraus. Bedeutsam dafür war der Bericht „Die Grenzen des Wachstums" des Club of Rome (Meadows et al. 1972), dessen Autoren erläuterten, dass eine Beibehaltung der damals aktuellen Trends in Bevölkerungswachstum, Ressourcenausbeutung und Umweltverschmutzung im Laufe der nächsten hundert Jahre zu einem ökologischen Kollaps führen müsse (Grunwald & Kopfmüller, 2006: 17). Dieser Bericht fungierte als eine Art Kristallisationspunkt, in Zuge dessen die Zusammenhänge zwischen gesellschaftlichen Produktions- und Lebensstilen, Wirtschaftswachstum und der Endlichkeit von Ressourcen, stärker als bisher thematisiert wurden (ebd.).

1983 schaffte es die UN-Kommission für Umwelt und Entwicklung (Brundtland-Kommission), unter dem Vorsitz der gleichnamigen norwegischen Ministerpräsidentin Gro Harlem Brundtland, den Begriff der nachhaltigen Entwicklung mit drei Grundprinzipien zu untermauern und diesem Prozess somit eine Deutungshoheit zuzuschreiben: die globale Perspektive, die untrennbare Verknüpfung zwischen Umwelt- und Entwicklungsaspekten, sowie die Realisierung von Gerechtigkeit zugleich in der intergenerativen Perspektive (Zukunftsverantwortung) und in der intragenerativen Perspektive (Verteilungsgerechtigkeit) (ebd.: 21). Ersteres meint die Beachtung der Verflechtung nationaler Politik und deren Interessen, während es im dritten Aspekt um die Gewährleistung sowohl des aktuellen Zustandes, als auch der Zukunftsfähigkeit geht.

Ein paar Jahre später, 1992, fand die UN-Konferenz für Umwelt und Entwicklung in Rio de Janeiro statt, auf der unter anderem die Agenda 21, ein Aktionsprogramm für Ziele, Maßnahmen und Instrumente zur Umsetzung des Leitbildes der nachhaltigen Entwicklung, beschlossen wurde (siehe 2.1.2) (ebd.: 23).

Außerdem historisch relevant war der im Jahr 2002 stattfindende zweite Weltgipfel für nachhaltige Entwicklung in Johannesburg. Dort wurde ein Aktionsplan verabschiedet, um grundlegende Probleme der Menschheit zu lösen und die Erde schonender zu bewirtschaften, der unter anderem beinhaltete, dass der Anteil der Weltbevölkerung ohne Zugang zu sanitärer Grundversorgung bis 2015 halbiert werden sollte. Außerdem solle ein Zehnjahres-Rahmenprogramm für nachhaltige Konsum- und Produktionsmuster aufgelegt werden (ebd.: 25).

Grunwald & Kopfmüller (2006: 27) formulierten drei grundlegende Prämissen für die Sicherung einer nachhaltigen Entwicklung. Zum einen beinhaltet dies die Generationengerechtigkeit, also die langfristige Sicherung und Weiterentwicklung der Grundlagen der menschlichen Zivilisation. Jede Generation müsse zugleich Verantwortung für die zukünftigen tragen, entscheidend dafür ist ein vorhandenes Verantwortungsbewusstsein. Daneben steht die Verantwortung für die heute Lebenden und damit die Verteilungsgerechtigkeit der Chancen zur menschlichen Bedürfnisbefriedigung in der Gegenwart, im Zentrum einer nachhaltigen Entwicklung (ebd.: S.29). Gerade die disproportionale Entwicklung des Nordens gegenüber des Südens ist eines der Kernprobleme dieser zweiten Prämisse. Das dritte Element für die Beibehaltung einer nachhaltigen Entwicklung umfasst die aktive Gestaltung der Nachhaltigkeitsprobleme in Form von geeigneten Maßnahmen und Strategien (ebd.: 34).

Um die Komplexität der Formulierung und der Implementierung des Nachhaltigkeitsbegriffs zu verstehen, muss das sogenannte Drei-Dimensionen-Modell erklärt werden; es zielt auf eine als Gesellschaftspolitik verstandene Nachhaltigkeitspolitik ab, in der die drei Dimensionen Ökologie, Soziales/Kultur und Ökonomie gleichberechtigt nebeneinanderstehen (Michelsen et al., 2014: 62ff.). Dieses Modell der drei Dimensionen ist grundsätzlich geprägt durch Konflikte und Herausforderungen, gerade in der Praxis, diese Elemente miteinander zu vereinbaren. So geht es in der ökonomischen Dimension vor allem um ein vorsorgendes Wirtschaften, fairen Handel, ein Umweltmanagementsystem und um umweltverträgliche, innovative Technologien (ebd.: 66). So lässt sich sagen, dass bei diesem Modell die Ökonomie zunächst essentiell ist, da sich nur das verteilen lässt, was vorher erwirtschaftet wurde. Bei aller derzeitigen, mitunter auch berechtigten, Kritik an der Priorisierung von Wirtschaftswachstum und Wachstum im Allgemeinen (vgl. Club of Rome von Meadows et al. 1972), so bildet das Erwirtschaften von Gütern, in Form von Produktion, trotz alledem die Voraussetzung für eine nachhaltige Entwicklung. Die ökologische Dimension umfasst die Sicherung der ökologischen Bedingungen des menschlichen Lebens: ein sparsamer Umgang mit Ressourcen, die Erhaltung der Biodiversität, ökologische Kreislauf-Systeme, regenerative Energie, sowie die Vermeidung der Belastung des Ökosystems (ebd.). Die soziale-kulturelle Dimension thematisiert die Förderung der menschlichen Gesundheit, die gleichen Ansprüche auf die Nutzung natürlicher Ressourcen und gleiche Rechte auf Entwicklung, die Berücksichtigung der Lebensinteressen zukünftiger Generationen, Konsumentenbewusstsein, globale Verantwortung, sowie die Demokratisierung und Partizipation aller Bevölkerungsgruppen in sämtlichen Lebensbereichen (ebd.). Je nach Autor existiert auch das Vier-Dimensionen-Modell der Nachhaltigkeit, in dem die soziale und kulturelle Dimension gesplittet ist, oder das Ein-Dimensionen-Modell der Nachhaltigkeit, in der lediglich eine Dimension, etwa die ökologische, behandelt wird (ebd.: 64). Das Drei-Dimensionen-Modell gilt allgemein als normative Grundlage für eine nachhaltige Entwicklung und ist in dieser Arbeit im Hinblick auf einen nachhaltigen Ernährungskonsum unabdingbar. 2.1.2 beschäftigt sich mit der Implementierung dieser drei Dimensionen.

Die Erarbeitung der „Agenda 2030" erfolgte in einem über dreijährigen, transparenten Verhandlungsprozess und trägt den Titel: „Transformation unserer Welt: die Agenda 2030 für nachhaltige Entwicklung" (Bundesregierung, 2016). Diese gilt universell, also gleichermaßen für Industrieländer, Schwellenländer und Entwicklungsländer, alle stehen in der Verantwortung, nachhaltige Entwicklung voranzubringen, wenn auch genau genommen völkerrechtlich nicht bindend (ebd.).

Herzstück der Agenda sind die 17 Sustainable Development Goals (SDGs), die bis zum Zieljahr 2030 erreicht werden sollten (ebd.).

Die Agenda 2030 schaffte die Grundlage dafür, weltweiten wirtschaftlichen Fortschritt im Einklang mit sozialer Gerechtigkeit und im Rahmen der ökologischen Grenzen der Erde zu gestalten (Mäntele, 2017). Diese Ziele berücksichtigen erstmals alle drei Dimensionen der Nachhaltigkeit (ebd.).

Das erste Ziel beinhaltet, die extreme Armut bis 2030 komplett zu beenden, während das zweite SDG sich vornimmt, den Hunger zu beenden, Ernährungssicherheit, eine bessere Ernährung zu erreichen und eine nachhaltige Landwirtschaft zu fördern (ebd.).

Ziel drei thematisiert eine Stärkung der Gesundheitssysteme um die Krankheiten, die durch Impfungen zu verhindern wären, bis 2030 zurückzudrängen und sogar auszurotten (ebd.).

Viertens soll eine inklusive, gleichberechtigte und hochwertige Bildung gewährleistet werden und Möglichkeiten für ein lebenslanges Lernen für alle zu fördern und fünftens heißt es, Geschlechtergleichstellung zu erreichen, indem vor allem Frauen und Mädchen zur Selbstbestimmung befähigt werden (ebd.).

Besonders zentral ist Ziel sechs: „Verfügbarkeit und nachhaltige Bewirtschaftung von Wasser und Sanitärversorgung für alle gewährleisten", denn noch immer müssen 748 Millionen Menschen ohne sauberes Trinkwasser auskommen (ebd.). Da knapp 80% der weltweit erzeugten Energie immer noch aus fossilen Energieträgern stammt, beschreibt das siebte SDG die Sicherung des Zugangs zu bezahlbarer, verlässlicher, nachhaltiger und moderner Energie für alle (ebd.).

Ziel acht vereinbart alle drei Dimensionen: „Dauerhaftes, breitenwirksames und nachhaltiges Wirtschaftswachstum, produktive Vollbeschäftigung und menschenwürdige Arbeit für alle fördern" (ebd.).

SDG neun beschäftigt sich mit dem Aufbau einer widerstandsfähigen, umweltfreundlichen Infrastruktur, sowie nachhaltiger Fabriken und Industriestätten (ebd.).

Das zehnte Ziel greift erneut die soziale Komponente auf, indem es die Ungleichheit in und zwischen den Ländern verringern will, um somit den Zugang zu wirtschaftlichen, wissenschaftlichen und sozialen Potenzialen zu ermöglichen (ebd.). Aufgrund der zunehmenden Urbanisierung ist es noch wichtiger, die Städte und Siedlungen inklusiver, sicherer, widerstandsfähiger und nachhaltiger zu gestalten, so sind diese für jeweils 70 Prozent des Energieverbrauchs und der energiebezogenen Treibhausgas-Emissionen verantwortlich (Ziel 11) (ebd.).

Der Earth Overshoot Day markiert den Tag im Jahr, an dem weltweit mehr Ressourcen verbraucht worden sind, als der Planet im gleichen Jahr regenerieren kann; dies war 1990 noch der siebte Dezember, 2016 der achte August. Darum besagt Ziel zwölf, nachhaltigen Konsum- und Produktionsmuster sicherzustellen (ebd.).

Da der globale Klimawandel immer häufiger eine Ursache der Flüchtlingsbewegungen darstellt, müssen umgehend Maßnahmen zur Bekämpfung des Klimawandels und seiner Auswirkungen ergriffen werden (Ziel 13) (ebd.).

Im nächsten SDG geht es um den Schutz der Biodiversität, vor allem in Ozeanen und Meeren, in denen die Überfischung und die Versauerung gestoppt werden müssen (ebd.). Ähnlich beschäftigt sich Ziel 14 mit der Wiederherstellung der nachhaltigen Nutzung von Landökosystemen und Wäldern, in deren Bereichen der Verlust der biologischen Vielfalt beendet werden müsse (ebd.).

Das vorletzte SDG thematisiert den Zugang aller Menschen zur Justiz und das Aufbauen rechenschaftspflichtiger und inklusiver Institutionen auf allen Ebenen, um eine friedliche und inklusive Gesellschaft für eine nachhaltige Entwicklung zu gewährleisten (ebd.).

SDG 17 betont die Notwendigkeit, Kooperationen von Regierungen, Zivilgesellschaften und Unternehmen einzugehen, um die 17 Ziele zu erreichen. Dabei geht es auch darum, die Mittel für die öffentliche Entwicklungszusammenarbeit zu steigern (ebd.).

In dieser Arbeit werden vor allem die Ziele zwei und zwölf von hinreichender Bedeutung sein, um die Merkmale eines nachhaltigen Ernährungskonsums zu analysieren.

2.2 Nachhaltige Ernährung

Bisher wurde auf die Nachhaltigkeit bzw. die nachhaltige Entwicklung als normativen Prozess eingegangen, doch welche Merkmale weist ein nachhaltiger Ernährungskonsum auf und wie lässt sich dieser definieren?

Das Bundesministerium für Umwelt, Naturschutz und nukleare Sicherheit (BMU) (2016) definierte Konsum dann als nachhaltig, wenn er „den Bedürfnissen der heutigen Generation entspricht, ohne die Möglichkeiten künftiger Generationen zu gefährden, ihre eigenen Bedürfnisse zu befriedigen und ihren Lebensstil zu wählen." Diese Erklärung scheint transitiv gegenüber der allgemeinen Definition von nachhaltiger Entwicklung zu sein (siehe 2.1.1). Dabei sieht das BMU den Zusammenhang von nachhaltigem Konsum und nachhaltiger Produktion: „Die Betrachtung der Wertschöpfungskette von der Konsumseite bedeutet, dass nachhaltige Konsumentenentscheidungen letztlich die nachhaltige Optimierung der gesamten Wertschöpfungskette bewirken" (ebd.). Somit habe der Konsum an sich bereits einen Einfluss auf die Gewinnung von Rohstoffen, die anschließende Produktion und die Verteilung (ebd.).

Allgemein besteht kein normativer Grundkonsens darin, was unter nachhaltiger Ernährung zu verstehen ist (Brunner & Schöneberger, 2005: 11). Eine breite Definition aus Konsumperspektive beschreibt nachhaltige Ernährung als eine, die bedarfsgerecht und alltagsadäquat, sozialdifferenziert und gesundheitsfördernd, risikoarm und umweltverträglich ist (ebd. Nach Eberle et al., 2004: 1).

Lange Zeit wurde Nachhaltigkeit ausschließlich in ökologischer Hinsicht, also in Form eines Ein-Dimensionen-Modells, interpretiert, heute wird in der Regel vom Drei-Dimensionen-Modell (siehe 2.1.1) ausgegangen, also sind neben ökologischen auch ökonomische und soziale Dimensionen einzubeziehen (Brunner & Schöneberger, 2005: 197). Im Bereich des Ernährungskonsums kann dieses Modell noch um die vierte Dimension Gesundheit ergänzt werden, diese Arbeit konzentriert sich lediglich auf die drei Dimensionen (ebd.: 249).

Nach der Erklärung des BMU stehen nachhaltiger Konsum und nachhaltige Produktion in einer Interdependenz, also in einer wechselseitigen Abhängigkeit, zueinander. Somit wird als ökologisches Ziel einer nachhaltigen Ernährung der vermehrte Kauf und Konsum von Lebensmitteln aus nachhaltiger Produktion angesehen (ebd.). Dazu gehören vor allem Produkte aus ökologischem Landbau und solche, die mit wenigen Arbeitsschritten hergestellt werden (ebd.: 250). Diese sind noch eher unter Einbeziehung der Aspekte des Tierschutzes und der Nachhaltigkeit geprägt. Außerdem sind Produkte mit möglichst wenig Verpackung nachhaltiger, was zeigt, dass auch das Vorsorgeprinzip elementar ist: Demnach sollen potenzielle Belastungen, oder Schäden für die Umwelt im Voraus bereits vermieden werden.

Ein zentraler Punkt unter dem ökologischen Aspekt ist der Fleischkonsum: Diesen zu reduzieren führte zu weniger tierischer Veredelung und Verminderung der Emission klimawirksamer Spurengase (ebd.). Die Umweltbelastungen durch intensive Tierproduktion sind sehr hoch –

wie Emissionen oder Flächenbelegung -, sodass ein Konsum von Fleisch aus ökologischer Produktion oder eine generelle Reduktion davon, langfristig ökologisch positive Auswirkungen hätte (ebd.: 199). Neben Fleischkonsum ist aus ökologischer Sicht auch das lebensmittelbezogene Verkehrsaufkommen relevant. Zusätzlich verstärkt durch die Globalisierung hat sich der Wert des internationalen Lebensmittelhandels seit 1960 verdreifacht, das Volumen vervierfacht. So reist heute ein durchschnittliches Lebensmittel in den USA 2.500 bis 4.000 Kilometer, circa 25 Prozent weiter als im Jahr 1980 (ebd.). Wenn das lebensmittelbezogene Transportaufkommen weiter ansteigt, erhöhen sich die Schadstoffemissionen (CO_2, wie auch Feinstaub und andere Gase). Durch die Nahrungsmittelwahl können Konsumenten also Transportkilometer und negative Umweltauswirkungen verringern helfen (ebd.).

Allgemein muss es bei der ökologischen Dimension darum gehen, Ressourcen zu schonen und die Arten- und Biotopvielfalt zu erhalten (ebd.: 12).

Ziel einer ökonomisch nachhaltigen Ernährung ist ihre Wirtschaftlichkeit (ebd.: 251). So werden auch der Bestand eines Unternehmens und seiner Konkurrenz – für das Verhindern eines Monopols - als ökonomisch nachhaltig betrachtet (ebd.). Zur Wirtschaftlichkeit einer nachhaltigen Ernährung sind faire und akzeptable Preise für den Konsumenten zu zählen (ebd.). Um preisgünstige Produkte anbieten zu können sind Monopolstellungen einzelner Unternehmen zu vermeiden, stattdessen sollte das Angebot durch Innovations- und Wettbewerbsfähigkeit von Unternehmen, sowie die Gewährleistung von stabilen und effizienten Märkten, ausgeweitet werden (ebd.: 12).

Die soziale Dimension beschäftigt sich mit einem gesicherten Zugang zu Quantität und Qualität an Nahrung, die für eine menschenwürdige Lebensführung ohne ernährungsbedingte gesundheitliche Beeinträchtigung nötig ist (ebd.: 251). Des Weiteren ist eine Stärkung der Verbraucherinteressen und eine freie Lebensmittelwahl zentral, beispielsweiße durch eine bessere Transparenz, damit die Produkte, die angeboten werden, ausreichend Informationen über Herkunft und Verarbeitung enthalten (ebd.: 252). Damit der Konsument sich für ein ökologisch nachhaltiges produziertes Gut entscheiden kann, muss die soziale Dimension, also in dem Fall Informationspolitik, funktionieren, auch um Ursachen von Fehlernährungen, wie Armut und soziale Benachteiligung, entgegenzuwirken (ebd.: 12).

Somit hat das Drei-Dimensionen-Modell nicht nur in der allgemeinen nachhaltigen Entwicklung eine essenzielle Rolle, sondern es zieht sich auch durch die Merkmale eines nachhaltigen Ernährungskonsums.

Grunwald & Kopfmüller (2006: 90) setzen beim nachhaltigen Ernährungskonsum auf die langfristige Gewährleistung von Ernährungssicherheit auf lokaler, nationaler und globaler Ebene, die dann gegeben ist, wenn alle Menschen jederzeit physisch und wirtschaftlich auch Zugang zu ausreichender, gesundheitlich unbedenklicher und nahrhafter Nahrung haben. Untrennbar damit verbunden ist ein globales Verteilungsproblem, da den Überschüssen in vielen Industrieländern, gravierende Mangelsituationen in vielen Entwicklungsländer stehen (ebd.).

Der signifikante Nahrungsmittelüberfluss zieht ein Absinken der Lebensmittelpreise, mitverursacht durch Produktivitätssteigerungen in der Landwirtschaft und dem zunehmenden Wettbewerb, mit sich. Da viele dieser Preise die ökologischen, sozialen und gesundheitlichen Folgekosten bei weitem nicht einbeziehen (siehe oben) und für viele Konsumenten der Preis und nicht die nachhaltige Produktion das Hauptkriterium beim Lebensmitteleinkauf ist, wird die Verwirklichung eines nachhaltigen Ernährungskonsums zunehmend erschwert (ebd.: 92).

Auf Deutschland übertragen, zeigt sich, dass die Bundesregierung (2017: 10) die Nachhaltigkeit des Konsums anmahnt, um der globalen Verantwortung gerecht zu werden, etwa durch Aufgreifen und Implementierung der sozialen Dimension, indem der Staat Verbraucher noch besser in die Lage versetzt, die umweltbezogenen und sozialen Folgen ihres Konsums zu verstehen und alternative Konsummuster aufzuzeigen. Herausforderungen sieht die Bundesregierung etwa in dem Entgegenwirken von Informationsdefiziten – beispielsweiße durch Kennzeichnung von Produkten - und in der mangelnden Verfügbarkeit von bezahlbaren Alternativen (2017: 12). Mehr Transparenz der Industrie wird hier also angemahnt, um die Voraussetzung zu schaffen, dass Konsumenten in die Lage versetzt werden können, nachhaltigen Ernährungskonsummuster gerecht zu werden.

Insgesamt lässt sich verifizieren, dass es beim nachhaltigen Konsum um eine Verwendung von Gütern und Dienstleistungen geht, die den Bedürfnissen heute und künftig lebender Menschen gerecht wird und deren Lebensqualität verbessert, ohne dabei die ökologischen, ökonomischen, sozialen und kulturellen Ressourcen der Gesellschaft substanziell zu beeinträchtigen (Grunwald & Kopfmüller, 2006: 117). Dabei sind Konsum und Produktion zwei Seiten derselben Medaille. Konsumenten und Produzenten müssen gleichermaßen die Verantwortung für einen nachhaltigen Konsum tragen (ebd.). Auffällig ist dabei auch die vorhandene symmetrische Interdependenz von Konsum und Produktion, also von Angebot und Nachfrage. Das angebotene Gut muss unter Einbeziehung der drei Dimensionen produziert werden, um einer nachhaltigen Entwicklung gerecht zu werden. Damit der Konsument, solche Güter von jenen unterscheiden kann, die nicht unter nachhaltigen Gesichtspunkten entstanden sind, bedarf es einer ausgestalteten Transparenz und nicht zuletzt eines Handelns danach. Dabei ist das Bewusstsein der Nachfrageseite insofern zu optimieren, als dass die Priorität nicht in der Höhe des Preises, sondern in der Produktion nach Nachhaltigkeitsmerkmalen liegt.

In diesen Merkmalen liegt die Bedeutung eines nachhaltigen Ernährungskonsums; Dies wird im Folgenden am Beispiel der Tragik der Allmende versucht zu verdeutlichen.

Berühmt wurde die Theorie der „Tragedy of the Commons" (Die Tragik der Allmende) von Garrett Hardin (1968; 1970) (Helfrich et. al., 2012).

Ein Allmendegut zählt zur Klasse der öffentlichen Güter, für die gilt, dass ein Ausschluss bestimmter Konsumenten sehr schwierig oder zumindest sehr teuer und ineffizient ist und die durch eine Rivalität des Konsums charakterisiert sind (Rinderle, 2013: 5f.). Dazu gehören also alle knappen Güter, die gemeinschaftlich genutzt werden, bei denen es allerdings keinen Anreiz gibt, den jeweils eigenen Nutzen dessen einzuschränken. Beispiele für natürliche Allmendegüter wären Fischbestände, Regenwälder, die Erdatmosphäre, Wasser oder Wiesenflächen (ebd.: 7). Bei näherer Betrachtung beispielsweiße einer gemeinsam genutzten Weide durch die Mitglieder einer Dorfgemeinschaft, fällt auf, dass dieses Gut von der Natur zur Verfügung gestellt wird, es also keiner kooperativ organisierten Bereitstellung des Guts bedarf (ebd.: 9); somit besteht die Möglichkeit, dass der Konsument direkt einen positiven Vorteil aus dem bereitgestellten Gut entnimmt (ebd.: 10).) Die Allmendegüter prägen immer die Aneignung eines individuellen Vorteils und eine damit einhergehende Verringerung der Konsumchancen realer oder potentieller Rivalen als charakteristisches Merkmal (ebd.).

Teilbare Güter, zu denen zunächst mal alle Zugang haben, bringen schnell Konflikte mit sich, die nur durch Kooperationen gelöst werden können. Werden keine Kooperationen eingegangen, so führt dies bei endlichen Ressourcen zu einer Übernutzung öffentlicher Güter, was langfristig nachteilig für alle Beteiligten ist, sowohl in der ökonomischen, als auch in der ökologischen und sozialen Dimension. Um beim Konsum von Allmendegütern einer nachhaltigen Entwicklung gerecht zu werden, muss also erneut auf das Drei-Dimensionen-Modell geachtet und dieses eingehalten werden.

Von öffentlichen Gütern kann grundsätzlich niemand ausgeschlossen werden. Im Zuge der kurzfristigen Kosten-Nutzen-Erwägung erfolgt aber häufig keine Rücksichtnahme auf langfristige Kosten (hier: Angebot sinkt).

Dies führt zu einem sogenannten Trittbrettfahrerproblem: Alle Mitglieder einer Gruppe bzw. Koalition unterliegen einem normativen Grundkonsens insofern, als dass sie die Nutzung bzw. den Konsum eines gemeinsamen Guts verfolgen, wovon alle Seiten profitieren. Gleichzeitig ist nicht jeder dazu bereit, einen eigenen Beitrag dafür zu leisten, das den langfristigen und besonders nachhaltigen Konsum dessen ermöglicht, wie zum Beispiel die zeitweile Einschränkung des eigenen Konsums. Stattdessen wird häufig das jeweils eigene Interesse verfolgt.

Greift man die Definition des Allmendeguts auf und versucht diese Problematik auf die Definition des nachhaltigen Konsums des BMU anzuwenden, wonach der Konsum dann als nachhaltig gilt, wenn er „den Bedürfnissen der heutigen Generation entspricht, ohne die Möglichkeiten künftiger Generationen zu gefährden, ihre eigenen Bedürfnisse zu befriedigen und ihren Lebensstil zu wählen" (siehe 2.2), fällt der Blick auf alle knappen Güter, die gemeinschaftlich genutzt werden, es aber keinen Anreiz zur Einschränkung gibt: Beispielsweiße Fleisch- und Fischbestände. Der Konsum davon entspricht grundsätzlich nicht den Kriterien eines nachhaltigen Konsums, da dies begrenzte Ressourcen sind und die Produktion, sofern sie nicht unter ökologischen Gesichtspunkten erfolgt ist (siehe 2.2), häufig als nicht nachhaltig eingestuft werden kann. Gleichzeitig gibt es keinen Anreiz, den Konsum dessen einzuschränken, dabei würde jede Partei langfristig von einer Reduktion des Konsums profitieren, da die Produktion, also das Angebot steigen würde. Vielmehr ist die Nachfrage nach diesem Gut so signifikant gestiegen, dass die Kosten für die Produktion gesenkt werden müssen, um für weniger finanziellen Aufwand mehr produzieren zu können, damit der Nachfrage gerecht werden kann. Dies geschieht zu Lasten der ökologischen und sozialen Dimension und ist mit einer nachhaltigen Entwicklung hier unvereinbar.

Griffe man hier das oben erläuterte Trittbrettfahrerproblem auf, müsste jeder Konsument bereit sein, einen individuellen Beitrag zu leisten, damit die Nachhaltigkeit, also auch die Langfristigkeit gesichert werden kann. Mögliche Vorgehensweisen wären eine allgemeine Reduktion des Fleischkonsums, oder eine Erhöhung des Fleischkonsums aus ökologischer Produktion. Entscheidend ist dafür der Verbraucher selbst: Durch eine Priorisierung des Konsums von nachhaltiger Produktion anstatt von preislichen Aspekten, würde langfristig jede Partei profitieren. Ähnlich sieht es bei der Problematik der Überfischung der Meere und Ozeane aus: Fischbestände sind begrenzte Ressourcen, deren Konsum nicht der Produktion übersteigen darf, somit wäre ein von allen Seiten eingehaltener Rückgang an Konsum, langfristig für alle von Vorteil. Des Weiteren wird durch die Allmende-Problematik auf die Notwendigkeit von Kooperationen von unterschiedlichen Akteuren hingewiesen.

Dies zeigt mit unter den Zusammenhang von nachhaltigen Ernährungskonsum und der Tragik der Allmende. Das Beachten der Tragik der Allmende könnte somit als eine hinreichende Bedingung für die Bedeutung eines nachhaltigen Ernährungskonsums fungieren, gestärkt durch ein zunehmendes Verantwortungsbewusstsein der Verbraucher.

3. Fazit

Die Tragik der Allmende verdeutlicht die Bedeutung und die daraus resultierenden Herausforderungen eines nachhaltigen Ernährungskonsums. Um einen nachhaltigen Ernährungskonsum zu gewährleisten, bedarf es zum einen die Beachtung der wechselseitigen Abhängigkeit von Konsum und Produktion, also wirtschaftlich gesehen Angebot und Nachfrage. Nur wenn nachhaltig produziert wird, kann nachhaltig konsumiert werden, und nur wenn der Konsument durch transparente Informationspolitik nachhaltig gewirtschaftete Güter von nicht nachhaltig gewirtschafteten Gütern unterscheiden kann, kann dieser in diesem Sinne effizient nachfragen. Entscheidend ist dafür freilich auch anschließende Handeln danach.

Ferner stellt das Drei-Dimensionen-Modell eine zentrale Rolle dar, bestehend aus der ökologischen, der sozialen und der ökonomischen Dimension. Die Vielzahl der Schwierigkeiten, die die Kombination der drei Dimensionen mit sich bringt, habe ich versucht in dieser Ausarbeitung zu thematisieren.

Eine allgemeine Beachtung der Kernaussage der Tragik der Allmende und ein daraus resultierendes Handeln der Akteure – wie Konsumenten, Verbraucher, Unternehmen – könnte zu einem zunehmenden Verantwortungsbewusstsein bezüglich der Relevanz eines nachhaltigen Ernährungskonsums führen.

Bibliographie

Brunner, K. & Schöneberger, G. (2005). Nachhaltigkeit und Ernährung. Produktion – Handel – Konsum. Frankfurt/Main: Campus Verlag GmbH

Bundesministerium für Umwelt, Naturschutz und nukleare Sicherheit (2016). Nachhaltiger Konsum. Aufgerufen am 25.05.2018 unter https://www.bmu.de/themen/wirtschaft-produkte-ressourcen-tourismus/produkte-und-konsum/nachhaltiger-konsum/#c12951

Die Bundesregierung (2017). Nationales Programm für nachhaltigen Konsum. Gesellschaftlicher Wandel durch einen nachhaltigen Lebensstil. Berlin: Publikation der Bundesregierung

Die Bundesregierung (2016 Mai 30). Deutsche Nachhaltigkeitsstrategie. Neuauflage 2016. Aufgerufen am 25.05.2018 unter https://www.bundesregierung.de/Content/DE/StatischeSeiten/Breg/Nachhaltigkeit/0-Buehne/2016-05-31-download-nachhaltigkeitsstrategie-entwurf.pdf?__blob=publicationFile&v=4

Grunwald, A. & Kopfmüller, J. (2006). Nachhaltigkeit. Frankfurt/Main: Campus Verlag GmbH

Hauff, V. (1987). Unsere gemeinsame Zukunft. Der Brundtland-Bericht der Weltkommission für Umwelt und Entwicklung. Greven: Eggenkamp Verlag

Helfrich, S. et. al. (2012). Commons. Für eine neue Politik jenseits von Markt und Staat. Bielefeld: transcript Verlag. 1.Aufl.

Mäntele, C. (2017). Ziele für nachhaltige Entwicklung. Aufgerufen am 25.05.2018 unter https://17ziele.de/17ziele

Meadows, D. et. al. (1972). Die Grenzen des Wachstums. Stuttgart: Deutsche Verlags-Anstalt

Michelsen, G. (2014). Grundlagen einer nachhaltigen Entwicklung. Lüneburg: Studienbrief

Rinderle, P. (2013). Die Dramen der Allmende: Ein Plädoyer für eine polyzentrische Organisation der Bereitstellung, Verteilung und Schonung von konsumrivalisierenden Gemeingütern. In: Zeitschrift für Politik, Vol. 60, No. 1 (März 2013). Nomos Verlagsgesellschaft mbH.